上海・做衣服
● no name style

上海・做衣服
●●no name style

上海・做衣服
●○no name style

上海・做衣服
●●no name style

上海流行地圖

做衣服篇

作者 翁惠茹

希望只有一點點…

有人到上海做生意、投資、賺錢、懷舊……，

但我們的希望只一點點，

看看好風景之外，

是不是能順道買買東西、逛逛街，

再作幾套傳說中頗nice的衣服。

責任編輯

到上海
做衣服去！

　　中國上海夢不只燒到台灣，幾乎全球都被這個二十一世紀最具經濟成長潛力的都市吸引。它曾經是歐美的租界地，在國際間素來享有盛名，加上近幾年不少大型的國際活動在此舉辦，更抬高了它國際的矚目度。

　　我們當然不談政治，而是想帶大家到上海找找，找找那些賣衣飾的大街小巷，幫人量身作衣的大店小店，也許妳只想買一件回家紀念，也許妳會想幫自己作一套超級奢華的緞繡旗袍，雖然妳可能壓根兒沒想穿它，當然，或者妳很聰明，懂得運用當地實惠的裁縫師幫妳節省了一大把的時裝預算。

　　在台灣和香港電影中，拍關於上海體裁的電影非常多，其中王家衛拍攝的「花樣年華」中，張曼玉身上的多套兼具古典和現代化的旗袍，相信是許多女人都想擁有的服裝。而這幾年國際時尚界吹起的中國風，也讓每個人可選擇的衣服樣式出現了若干變化。如果你是名牌癖好者，那台灣的確可以滿足你大部分的需求，不過上海卻可以讓你訂製出有你個人品味和想法的衣服；如果你是喜新厭舊的敗家男女，由於大陸人工便宜，布料選擇多，在上海花1千元台幣的衣服收穫，可以抵上台灣幾千元，甚至萬元的代價。

　　這本書就是要告訴你，到上海「做衣服去」！

翁蕙茹

big bowl

Elsa Petersen-Schepelern

...ia Guild cut flowers

完美做衣服
這樣準備

存錢

↓

尋找自己打算做衣服的樣式

最好是帶件一模一樣的衣服,要不就剪雜誌的或拿DM

↓

訂預算

在大陸製作衣服的工錢不一,你可以找知名的店和師傅,亦可找類似台灣的家庭式裁縫師做做。你自己的審美和指揮製作功力,都會有不同程度的發揮與樂趣。

找尋志同道合的朋友同行樂趣無窮

善用旅行社便宜機票選擇,或是留意上海套餐行程(只含機票和飯店行程)

↓

挑日子

沒有絕對必要,避開上海熱門檔期,可省下不少銀子

↓

買布

↓

尋找對的店面找到對的師傅

↓

吃喝玩樂,等衣服做好

↓

裝滿行囊回家去

上海市全圖

上海就長這樣…

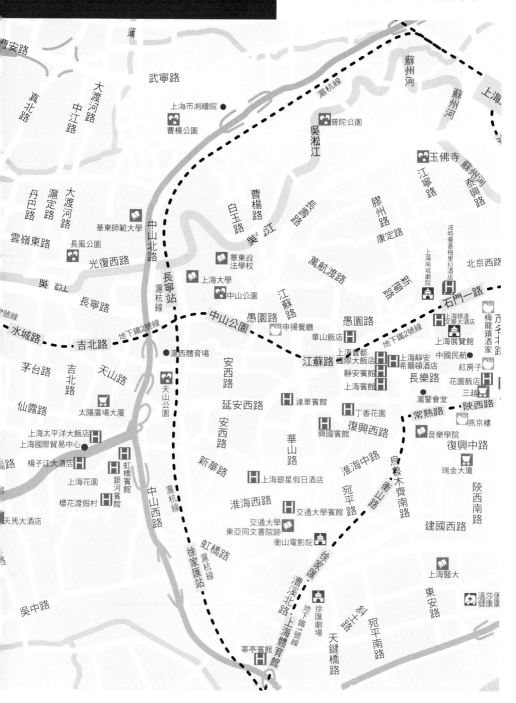

有多大？從台北到新竹這麼大！

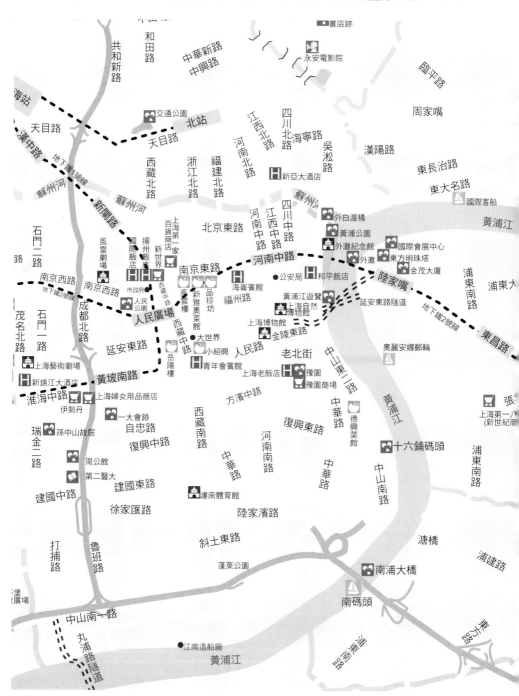

目錄

目錄

第一篇

第二篇

第 一 篇

如果逛街是一個運動，買東西是一種休閒，我們除了品牌和地攤的成衣外，古老古老的訂製衣服癖好，會不會成為新世紀的一個特別流行風。

為了創造這個流行，我們必須提供足夠的情報給你，讓你可以成為自己的設計師，從台北到上海，一次享受做衣服的快感。

BEAUTY

SHANGHI

上海，
國際時尚新勢力

第 **1** 章

APEC引爆唐裝熱，手工縫紉也一併受到內須與觀光客的青睞，想要找SMART的流行，上海是不錯的選擇。

　　全球時尚界一向是喜新厭舊，但過多的複雜服飾之後，簡要個性化的服裝漸漸為現代人所接受。民族風又是最引人暇想，尤其中國的傳統多民族的服飾風格，以及具個性化的中國文字，也被歐美人士所喜愛。在大量的國際設計師採用中國元素至時尚界，中國的服飾神祕而高雅的調性陸續被主流市場熱愛，加上APEC會議在全球受到的青睞，可預期21世紀流行時尚肯定會有一波帶有中國色彩的設計流入。

　　為了使這本書在市場上並不常見的手工製衣的書籍更有可看性，也讓讀者了解台北、香港及上海等地的訂製衣服市場現況，筆者特別走訪這些地區的幾個重要的手工訂製衣服的集散地，收集一些可用的資訊

供讀者們參考。

　　發現這三個大城市都不約而同的出現唐裝熱，在現場完成的客戶訂製衣服中，唐裝比重達到7成以上。不過，這些衣服的設計其實已經修改過，已不是傳統唐裝的式樣。現代人仍然希望穿在身上的衣服不管是舒適度或方便性都必須兼備，傳統的唐裝由於使用的布材較細膩，配件也較講究，成本較高也較不易保養，所以為了能夠達到容易被消費者接受的價格，商家通常會建議消費者使用他們大量進貨的布料和配件搭配，降低客戶購買商品的壓力，以增加生意來源。每個商家所展示的標準款式都不盡相同，但這些展示的商品樣式絕對是符合大多數人的喜好。只是為了紀念而進門消費的客人，通常不消幾眼就會清楚自己所要的款式為何。

　　一般說來，商家非常客戶導向，推出的展示商品都有老中青的分別。各種年齡層的客戶都很容易找到自己所想要的式樣。純絲的布料、織錦緞、毛料、針繡等布料，常是代表中國的布種類，也是歐美人士和日本人喜歡至中國買的布類。

SHANGHI

也因為大部分觀光客至大陸都會想帶一點具中國特色的產品回家紀念，再加上熱門的APEC主題，使得商家的唐裝師傅生意門庭若市。不管是台北、香港或上海，只要有能力製作唐裝的手工店，通常生意不會太差。

不管在台北、香港或上海，都有為數不少的上海裁縫老師傅。這些人的手藝承襲傳統的裁剪和縫製方式，衣服往往比現代成衣耐穿。事實上，唐裝、西裝及時裝的衣服打樣觀念差距很大，尤其唐裝式樣的變化多，每一塊布的處理技巧不同，男裝和女裝的變化方式不盡相同；西裝亦是，一套西裝要穿得舒服，必須在許多小細節下功夫；時裝則因為流行變化，推陳出新速度快，打樣和剪裁必須更為靈活，不然很難完成客戶的要求。

手工縫紉衣服競爭激烈，消費者選擇多樣化

事實上，在大陸各地都有幫忙做衣服的店面，要裝手工量身訂做的衣服在大陸實在太方便了。尤其在上海這樣的大都市，消費者的選擇更多。只是，如果

你只是想做大眾化的式樣，其實大陸仿冒能力超強，工廠如果有生產大量的樣式，買時裝的價格，往往比訂做衣服便宜3～5成左右，不想花時間和精力做衣服的人，也可以到上海一些大批發的地方，買到自己所要的樣式。

話雖如此說，但因為大陸時裝為了降低成本，大量生產同款式的產品後，也使得消費者開始出現反感。據當地服裝業者表示，現階段訂製衣服的數量已在增加之中，因為時裝可供選擇的花色和布料有限，而身材尺寸受限制也是一大煩惱，所以也開始流行將自己喜歡的款式記下來，再請裁縫師訂做的情況。因此，你可以到一些訂製衣服的店逛逛，也許也可以看到非常好看又流行的義大利、法國或紐約設計師的樣板，這時你便可要求裁縫師直接幫你再做一件。反正，天下衣服大家抄，只要不要在同一個場合撞杉就行了。

此外，在上海有一些店是不接受客戶「來料加工」，如果你要找他們的師傅做衣服，基本上必須在他們店買布才行，台北的東區附近知名的幾家西服店

SHANGHI

也都是採用直接使用自己進貨的西裝布幫客人做衣服，如果客人自己帶布來，有時候會拒絕客戶的要求。所以讀者要做衣服時，一定會先問一下商家經營的形態，以免雙方出現認知上面的誤會。

　　第一次自己想要買布做衣服的讀者也必須留意！由於布料的成份不一，有一些布料過水之後會有縮水現象。在台灣和香港手工西裝店都會有處理衣料過水的手續，但在上海手工訂製衣服的店，大部分都不會有這一道手續，所以讀者在買布時務必問清楚布料是否會有縮水的現象，或者自行過水後再送至店裡製作衣服。

SHANGHI

勤作功課，上海行
才能美麗大豐收

海工錢低，識貨的就讓妳大佔便宜，然而行前非得事先做功課不可，做衣服的功課在婆婆媽媽的年代裏是人人必修的，那麼，就趁這個機會溫習一下吧!

　　大陸真的太大了，人也太多，雖然大陸近幾年搞經濟有聲有色，但13億人口要在短短幾年間創造足夠的就業市場，難度還是太高了。所以，在大陸只要是人工成本比重高的行業，它的成本往往台灣低，也比其他有華人的地區低很多。

　　大陸的成衣和紡織品已經是國際間主要的輸出國，經過國際買家的嚴格品質要求下，大陸製作的產品確實已達到國際一定的水準。這也使得大陸裁縫師傅的數量激增，而事實上如果有足夠訓練，一位裁縫師傅的養成並不會花太長的時間，因此不管你住在上海什麼地區，找一個家庭式的裁縫師傅是輕而易舉的事，甚至在一些熱鬧的街上，也可看到有人把裁縫機

放在路上營業起來。不要覺得好笑,他們的生意其實不差,而這樣的生意方式,也的確滿足消費者的方便性。

大陸太大,很多當地人也許是住在很遠的地方,或是外地人來上海打拚,根本沒有固定的住所,也沒有錢可以開小店面或家庭裁縫,所以街上做生意最快也可以餬一口飯吃。這些使用一台裁縫機的小街流動裁縫師,你可以請他們改褲子、衣服或修鞋子等,不管那一種需要用到裁縫的方式,每次的收費均不超過5元人民幣(合台幣在20元左右)。他們的手工當然不會太細緻,但因為當地人的收入高低差距很大,中低收入戶必須仰賴這些人,才能夠應付日常生活所需。

台灣人因為從小都是在聯考中成長,不管男人還是女人,對於針線活其實不太靈光,如果有這種方便的服務,真的很優。而他們這些流動活的小販,對於衣服的簡單修改也在行。所以,如果你想將自己不能穿的衣褲改成小孩的衣服,他們之中也有人會處理,價格當然也在10元人民幣以下。其實簡單的裁縫,實在可以直接用他們的技術即可,而且如果你肯給的錢

比當地人多一點點，他們更肯為你把活做的更好。善於用自己的資源，花小錢也可以創造多樣化的生活情趣。在大陸如果你願意，任何你腦中的衣服創意都可以有專人幫你服務，而你花的錢也不多。

從CHANEL、PRADA的最新款到花樣年華的旗袍、新娘禮服，妳說得到他做得到

家庭式的裁縫店，這些店的品質也是參差不齊。有些小店為了多做點生意，都會自己進一些布料供客戶直接選用，一般稱這種做衣服的方式為「連工帶料」。由於工和料都是由小店供應，所以工錢方面有時可以便宜一點，他們主要想賺布料的錢。不過，羊毛出在羊身上，總之他們也是想賺錢，只是錢賺多賺少的問題，但橫豎就是賺錢，只是他們的物價水平低，所以這些錢對高人工價格的地區，都是便宜。

另外一種的做衣方式，就是由客戶自己帶布料來訂製，這種方式當地人稱之為「來料加工」。來料加工的方式，通常我們只需要付「工繳」。所謂工繳就是付裁縫師工錢，不含布錢，如果是簡單的襯衫和長

褲，工錢多不超過25人民幣。

　　走在上海熱鬧的布莊常常看到許多外國人興味濃
厚的在量身選布，對這些老外而言，到中國做套旗
袍、唐裝不過是為了紀念，但如果妳也把上海想成這
樣，就太小看這些做衣服的師傅阿姨們他們的手藝
了，事實上，妳只要能畫得出款式與選對材質，裁縫
師們都能滿足妳大部份的作衣要求，那怕妳是最新一
季的CHANEL、PARDA還是花樣年華裏張曼玉那一套
套美呆了的旗袍，另外，如果妳準備要當新人，想好
好的做一套新娘禮服留作紀念，那兒的工繳大約是台
灣的1/20(約人民幣120元)，當然，以上種種有一項工
夫是妳自己不能省的，那就是「設計」。

　　在上海雖然妳可以向裁縫師請求做工細一點、花
樣如何複雜變化他們都能配合(當然也必須付給合理
的價錢)，但是他們只管會「抄」，至於款式設計最好
能自己來，把雜誌上的圖片剪下是最快的辦法，而更
好的方式是找一件一模一樣的衣服請他們為妳「量身
訂作」更不容易出錯。

SHANGHI

逛布莊、練眼力，一趟上海讓妳大變樣

　　大陸有許多大中小型的布莊或賣場，供各地的人購買。買布是一種樂趣，在上海可以買布的地方非常多，品質不一，在高檔的地方雖然品質都在一定水準之上，但到一般或便宜的賣場，眼力不錯的人通常可以檢便宜，買到好東西。所以不管是當地人還是外來客，都會到這些不是很有名氣的地方找自己要的布料。

　　來大陸還是不要顯現出錢大氣粗的模樣，當個精明的「小氣財神」很有成就感，而且還可以因為你的頻繁到來而贏得一些賣場友誼。上海因為古早以來就是個商港，所以貿易非常盛行。加上現在上海人口不斷增加，外來客也由四面八方湧入，每隔一段時間就會出現一些各種大賣場，其中布料賣點也一直增加之中。

　　我個人較偏好到董家渡和輕紡市場買布，因為這些布的價格合理，也有較大的還價空間。當地上海人也常到這些地方買東西，而檔次較高的南京西路，也

有許多知名的布料店面,南京東路則因為地點不利於南京西路,所以貨品的真假混雜,沒有兩三下本事,常會花大錢買到品質不好的東西。四川路和襄陽路則是一般上海人較會去購買東西的地方,所以價格會比較低一些。

另外,大陸廠商為了在自有品牌闖出名號,除了老字號的真絲大王和老介福外,漢仁中式、瀚馨服飾及金枝玉葉等,也都可以買到高品質的布料。當然好的東西,價格一定比這些大賣場貴上許多,不過因為很多人至上海都是以旅客的心情前來,對於品質的要求高,也沒有足夠的時間採購,所以這些可以一次購足,而且品質優的店面,就成為外國名人時常光顧的地點。在這些店裡,時常可以看到名人的照相留影。

SHANGHI

第 3 章

TOPIC

海派服飾－
企圖與國際接軌

外地人來到上海一定得知曉「海派服飾」究竟是怎麼一回事，簡單的說它就是一種改良自中國式的現代衣著，如果妳有自己的想法，不妨找位設計師也來改改自己的一套海派服飾。

上海近年為了大力推廣中國服飾在國際間的地位，不斷在上海舉行國際時裝發表會，而經過改良後的中國服飾被統稱為「海派服飾」，被整個大陸時尚界廣泛採用，形成一種代表中國近代服飾表現的一種代名詞。由於中國歷史悠久，各種古玩飾品種類繁多，透過中國設計師改良打造後，每個小巧的飾品被用至時裝上面，不管是傳統的，還是新興的科技布料都被賦予新的生命力。

而生產設計所謂的「海派服飾」的廠商，市百一店、華聯商廈、新世界城、全泰服飾公司、陽光商廈等都是知名的大店，新興熱門的海派服飾店即是上海「秦藝」服飾公司，這家店出線即是因為承接了APEC

會議主辦國服飾提供，一下子聲名大噪，每天由各國
湧入的客戶絡繹不絕。

　　大陸廠商為了廣大的全球市場需求，也開始經營
自己的品牌，尤其在自古以來綿絲製品即為經濟大宗
的江浙滬地區，創造出的品牌已經成功的打入大陸人
民的心中。內外銷品牌服裝的生產企業，如「雙
羽」、「大地」、「百靈鳥」、「T&A」、「CHOYA」、
「敦煌」、「康派司」、「鑽石」、「船牌」、「奇安
特」、「伊加伊」等均為名揚海內外的響噹噹老牌名
牌。

SHANGHI

上海知名布莊

品牌雖然不是流行的金科玉律，但至少是一個參考值，妳可以利用電話先洽詢省得逛得太多家，反而不知該找那一家。

店 名	地 址	電 話
真絲大王	上海市天平路137號	86-21-62825002
柳林羊毛市場	淮海中路1號	86-21-63743948
上海輕紡市場	曹安路1618號	86-21-59145456
人立服飾商廈	南京東路558號	86-21-63226226
上海時裝(服)公司	南京東路650~690號	86-21-63225445
金龍絲綢呢有限公司	淮海中路86號	86-21-64736691
老介福綢布店	南京東路257號	
龍鳳中式服裝店	南京西路942號	86-21-62179535
瀚藝服飾店	長樂路211號	86-21-54044727
漢仁中式服飾店	長樂路199號	86-21-54048672
金枝玉葉	茂名南路70號	86-21-64314398

SHANGHI

TOPIC

5

第 章

到上海逛布莊

如果妳想把在臺灣逛百貨公司、逛地攤的功力運用到上海逛布莊，以下這些成帶的布莊聚集地點足讓妳大呼過癮！

做衣服memo『地點篇』

買 布 地 點	特 色
四川路、襄陽路	上海人常去、價格低
南京西路	檔次高、料實在
南京東路	檔次混亂、真假混雜，得靠好眼力

SHANGHI

價格比一比

如果妳還疑惑,到上海賞衣服、做衣服到底要不要議價?那就有點*&^%$了,這樣告訴妳吧!如果不想多在價錢上費工夫,就把對方開的價砍掉20%當成基準好了。

做衣服memo『時裝價格篇』

樣 式	工繳費(不含布料)
長褲	25
襯衫	25
局部修改上衣、褲子、鞋子	5
大衣服改小	10
新娘禮服	120
一般禮服	100
西裝	120

幣值:人民幣

認識唐裝款式與成衣售價

款 式	參 考 售 價
長(外套)翻袖	780
男式夾襖	580
女式緊身夾襖	520
萬壽緞(單／雙)面	680
聖誕旗袍	780
萬壽5龍緞	780
手工繡花棉襖	780
織錦緞旗袍(長／短)	980／880
針織旗袍（長／短）	1080／980
絲絨披肩外套	980
真絲絲絨風衣	1380
織錦緞（馬夾）	380
絲絨上衣	960

幣值：人民幣

SHANGHI

TOPIC 7

第 章

名店介紹I
-秦藝

APEC一舉，乍成為唐裝寵兒

　　如果讀者有打聽這次APEC承接主辦單位委託唐裝設計公司，對於秦藝應該不會太陌生。

　　泰藝服飾公司是一家民營的公司，目前在上海地區共有5個點，這家公司是經營自有品牌唐裝的服飾公司，擁有許多的唐裝款式，但經營的方式只提供自有款式銷售，或是客戶量身訂做。

　　秦藝並不接受客戶「來料加工」，不過，他們提供客戶至飯店量身訂做的服務，客戶不需要至他們店裡就可以買到他們的衣服，但必須額外多付一點服務費。在秦藝訂做店裏現在的款式，通常只要等2~3個工作天。

名店介紹 II
-眞絲大王

雀兒喜、英國首相夫婦造訪之地

　　上海知名的「真絲大王」，是一家專門賣高級布料的店家，由於真絲大王不斷透過併購的方式將上海地區一些原本較不具經濟規模的小布店納入旗下，因此目前該店的款式可稱的上是全上海地區最多樣化的布料店。全球知名人士和政要到上海通常會到真絲大王走一走，買些布料回去，所以不管何時至真絲大王，都可以看到絡繹不絕的人群。而真絲大王為了服務廣大的客戶需要，也在店家內找來數家下游協力廠，他們都是手工訂製衣服的簽約店家，方便客戶選完布後，在店內即可找到做衣服的服務。

　　經過實地訪問，天平路上的真絲大王三樓共有四家協力手工製衣公司，他們的定價不一，每個店的特色也不一樣。

真絲大王的協力廠商均提供將衣服送至飯店的服務，對於洽商和停留上海時間短暫的人士，是較方便的選擇。

為了使顧客能夠消楚工繳價格，進駐在真絲大王的手工製衣協力公司的工繳價格是公開的，但仍然保留約兩成的回價空間，是否能夠使廠商願意降價，就必須憑讀者各自的本事了。

真絲大王的手工製衣協力公司通常都會將「真絲布料」過水一次，其他布料則不會有這一層服務。據

真絲大王(天平路店)旗下四家店的特色：

號 次	特 色
1號店	以傳統唐裝和旗袍手工精細著稱，2001年APEC會議的各國領袖夫人的衣服大多是由這家店完成設計和製作的。
2號店	以男女西裝最為擅長，店長為人也最客氣。
3號店	以旗袍和流行時裝為主要業務，對於時尚一些奇裝異服製作較有經驗。
4號店	真絲大王協力廠商中工繳最高的廠商，進駐真絲大王時間最短，據稱店內的師傅工作經驗超過30年，而女生時裝和襯衣及高工繳成為它最大的賣點。

SHANGHI

店家表示，真絲的布料縮水的比重較高，所以為使衣服更為耐穿，才會先行過水。但其他由真絲人王賣出的布料因為品質已經很穩定，客戶反應縮水的聲音不高，所以不會自行幫客戶過行過水程序。不過如果客戶有特別指定，他們也可以協助處理。

上海真絲商慶有限公司價格表

1 號 櫃					
女裝		男裝		中裝	
品名	工價	品名	工價	品名	工價
西裝	300	西裝	450	旗袍(單)	350
西褲	60	西褲	80	旗袍(套)	400
襯衣	65	背心	100	中式上衣(單)	300
背心	80	男襯衣(軟)	80	中式上衣(套)	350
兩用衫	200	短褲	70	中式上衣(男)	400
羊絨大衣	500	大衣	400	中式馬套(套)	280
羊絨西裝	450	羊絨大衣	600	棉襖	450
毛料大衣	350	全套兩用衫	250		
連衣裙(單)	100				
連衣裙(套)	150				
毛料連衣褲	400				
裙子	60				

2 號 櫃					
女裝		男裝		中裝	
品名	工價	品名	品名	工價	品名
西裝	250	西裝	420	旗袍(單)	320
襯衫	65	西褲	85	旗袍(套)	400
裙子	60	禮服西褲	150	紅絨旗袍	580
褲子	65	馬套	120	女中式上衣(套)	350
襯衫	85	軟領襯衫	85	女中式上衣(單)	300
風衣	330	學生裝	450	男女棉衣	450
羊絨大衣	495	中山裝	450	中式背心	280
連衣裙(單)	100	大衣	420	男長袍	580
連衣裙(套)	160	羊絨大衣	590		
馬套(套)	90	羊絨西裝	550		
全套褲子	85	羊絨背心	120		
絲絨連衣褲	350	絲絨西裝	590		
絲絨上衣	425	襯衫	150		
絲絨短裙	100				
絲絨褲子	100				

SHANGHI

3 號 櫃					
女裝		男裝		中裝	
品名	工價	品名	品名	工價	品名
西裝	280	西裝	400	唐裝	350
女褲	60	西裝(精做)	600	旗袍	380
西裝裙	50	男西褲	80	中式上衣	350
西裝馬套	70	西裝馬套	80	女式棉襖	400
短褲連一裙	100	大衣	420	男式棉襖	450
長褲連一裙	120	羊絨大衣	700	短袖上衣	250
雙層	150	青年裝	400		
長袖襯衫	80	長袖褲衫	80		
短袖襯衫	60				
花式時裝面議					

4 號 櫃					
女裝		男裝		中裝	
品名	工價	品名	品名	工價	品名
西裝	320	西裝	480	旗袍(單)	380
女褲	65	西褲	85	旗袍(套)	480
裙子	60	襯衫	80	女上裝(單)	320
背心(套)	80	西裝背心	120	女上裝(套)	380
連衣裙(單)	120	羊絨大衣	750	男上裝(單)	420
連衣裙(套)	180	羊絨西裝	700	男上裝(套)	480
襯衫	65	毛大衣	500	棉襖	580
毛大衣	380			馬套(套)	280
羊絨西裝	500				
羊絨大衣	560				

SHANGHI

TOPIC 9 第9章

480元
訂作一套花樣年華

長樂路、陝西路、瑞金路、茂名路、雁蕩路分布許多
具特色的訂做衣服店,值得一逛。

　　如果妳專程飛一趟上海,而且非得帶走一套有特
色的旗袍或唐裝不過癮,那麼建議妳就再多逛上幾條
街,長樂路、陝西路、瑞金路、茂名路、雁蕩路都分
布著形形色色的特色服飾小店,每一家都自成一格,
要時髦的、挑傳統的、找師傅好配合的這裏一定能滿
足妳的需求。

　　例如雁蕩路77號的「丁丁布衣坊」就是一家頗有
特色與個性的小店。走在店門口很難不被櫥窗內的擺
設吸引,捲成一垜垜的藍色粗布、格子土布堆在牆
角,服務人員解釋這些布都是從松江、崇明和江浙一
帶農村收來的,所以是限量的,用完就沒有了,而另
一角則擱著雲南來的民族小包。在這裏訂作一套花樣

年華裏的旗袍也才480元，有意思的是，幫妳裁縫的師傅是位年輕的上海小伙子，手藝可不輸老師傅們哦！

另外，茂名路88號的「花嫁服裝店」也是許多熱門熟路的觀光客的最愛，放在門口那幾幅30年代上海美女圖也真夠吸引人的了。

此外，瑞金二路上專賣印度服飾的「漂亮寶貝」、襄陽路附近專營日本流行服飾的「A.cha」都別有一番風味，如果夠有心不消費就逛逛也很有意思。

SHANGHI

衣・香・鬢・影

TOPIC

第 **10** 章

30、50年代上海的酷哥、辣妹們時興到那裏添行頭呢？不要懷疑，走過了大半個世紀，這些時裝店還很驕傲的留在上海街頭。

店 名	經 營 特 色	店 址
全泰時裝公司	時裝	靜安寺路955號
美美公司	時裝，首飾	靜安寺路288號
景藝時裝公司	女式裁縫	靜安寺路879號
福利公司	百貨	靜安寺路190號
鴻翔公司	女式裁縫	靜安寺路863號
開達童裝公司	童裝，時裝	靜安寺路947號
美國美容院	美容	靜安寺路1160號
上海時裝公司	女式時裝	同孚路349號
金泰記	女式裁縫	同孚路301號
康記	時裝繡花	同孚路312號
惠麟	女式時裝	同孚路30號

店　名	經　營　特　色	店　址
華藝時裝公司	女式裁縫	同孚路309號
盧偉記	綢緞花邊，女式內衣	同孚路368號
百合女衣店	女式時裝	霞飛路(現在的淮海路)917號
白賚女衣帽店	女式衣帽	霞飛路(現在的淮海路)808號
美國女帽公司	女帽製造	西寧路20-24號
愛倫輝洋行	花邊，繡品，男女裝	西寧路813號
羅茜藝術服裝公司	時裝	西寧路813號
大新	女帽	四川路487號
嘉倫女帽公司	女帽	麥特赫斯特路177號
仁義女子服裝公司	女裝，洗染	大西路809號
明星時裝公司	女子時裝	福州路744號
翻新娜服裝公司	女式時裝	福州路514號
恒豐協綢緞呢絨服裝公司	布料	漢口路540號
康盈洋行有限公司	女式裁縫	圓明園路133號
集美公司	婦女緊身衣	中央路7號
義利女式西服號	西服	斜橋路120號
竭格斯	女式西服，女帽，皮貨	江西路170號

第 二 篇

上海那裏是shopping的好去處?這問題還滿難回答的。

因為很難找出統一的調子來。它有國際最炫最貴的世界名牌,也有常民消費的熱鬧老街;它也有幾能亂真的違法仿冒貨,也有刻著歷史深度的文化街。

亂!

也許正因這樣,這個城市才媚。
妳要去shopping它的什麼?
帶著地圖出發吧!

FAHION

SHANGHI

四街四城」，
3分鐘解構上海

知道那裏是四城四街，再去「必逛」的「新天地」，
外加一條七浦路服飾一條街，到上海SHOPPING這樣
已經很在行了。

上海又被稱為「申」城，原因為其交通的設計就
如同一個申字，透過這個結構把大上海地區連接起
來。

「四街四城」的商業格局，促使中心商業區和區
縣商業街聯動。

四街指的是：

南京路：有「中華商業第一街」之稱，足見其繁
　　　　華熱鬧。

淮海路：以高雅著稱。

四川北路：大眾化為訴求。

襄陽路：以仿冒聞名。

四城指的是：

徐家匯商城；

浦東新上海商業城；

嘉里不夜城；

豫園商城。

　　另外，一趟上海行，一定不能錯過「新天地」，那裏時尚精品緊追國際流行，商城裏多的是藝人工匠獨創的居家用品，足稱為上海歷史與現代生活的代表。

　　妳一定聽說過上海的「服飾一條街」，最具代表的就是七浦路和襄陽路，它們幾乎與北京的秀水街齊名，都是揚名中外的「仿冒一條街」從PRADA、LV、CUGGI到一條鱷魚、一隻企鵝，你能想到的皮包、衣服、鞋子，這裏通通都有。這裏也教妳一個撇步，從三折、四折開始喊吧!在這裏不會有人笑話妳買東西殺價的。

徐家匯商城

滬西體育場

安西路

滬杭線

延安西路

地下鐵2號線

上海靜安希爾頓酒店

江蘇路　上海貴都國際大飯店

靜安賓館

上海賓館

H

H

H

H

H 達華賓館

H 丁香花園

安西路

華山路

H 興國賓館　復興西路

新華路

H 上海銀星假日酒店

淮海中路

烏魯木齊南路

淮海西路

宛平路

器巨衡

H 交通大學賓館

交通大學
東亞同文書院跡

建國西路

衡山電影院

滬杭線

虹橋路

徐家匯站

滬杭線

徐家匯

漕溪北路

徐家匯商場

上海體

地下鐵1號線

徐匯劇場

斜土路

宛平南

天鑰

重要景觀　全國最大的港匯廣場在此，另與太平洋百貨、匯金廣場、東方商廈，這"四大金剛"呈鼎足之勢，托起了徐家匯商業城的脊梁。當地人習慣稱這種大型購物商店為「銷品茂」(shopping mall)。

公交車　地鐵一號線徐家匯站下。出口很多，標示清楚。不必怕迷路。

消費特色　這裏的消費當然不低，幾乎和國際大城一樣，也是不折不扣的「美食天堂」，各國的名菜與餐廳都在此。

浦東新世界商城

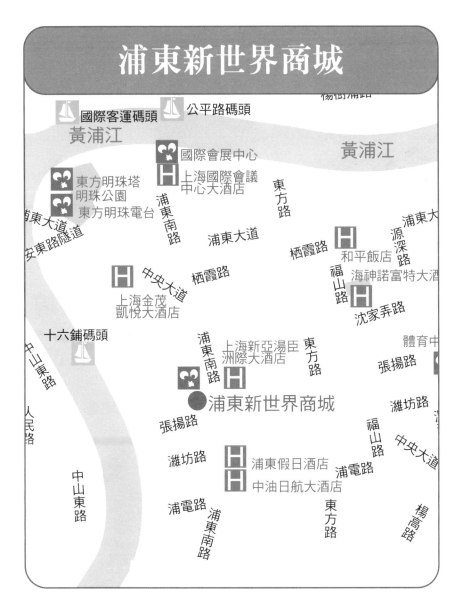

重要景觀	是浦東開發的標誌性成果之一，已建成的總面積達60多萬平方米。
公 交 車	01、81、82、85、86
消費特色	快腳步的建設，各國的知名品牌進駐。

不夜城商城

重要景觀 投資龐大，毗鄰閘北車站，集豪華商住大廈，優質辦公大廈及多層購物商場於一體，設計糅合現代化建築及上海文化色彩。又有「上海的陸上門戶」之稱。

公 交 車 地鐵3號線(明珠線)寶山路站下。公交車:18、41、63

消費特色 檔次頗高，上海上班族經常逛街購物的地方。

豫園商城

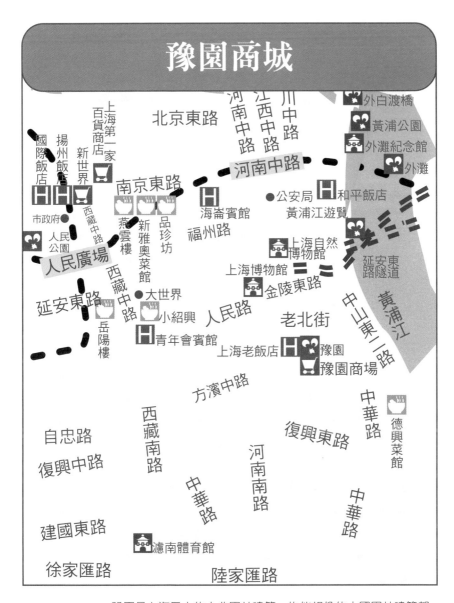

北京東路
上海第一家百貨商店
國際飯店
揚州飯店
新世界
市政府
人民公園
人民廣場
河南中路
江西中路
川中路
外白渡橋
黃浦公園
外灘紀念館
外灘
南京東路
西藏中路
燕雲樓
新雅奧菜館
品珍坊
海崙賓館
福州路
河南中路
公安局
和平飯店
黃浦江遊覽
延安東路
西藏中路
延安東路
岳陽樓
大世界
小紹興
人民路
上海自然博物館
上海博物館
金陵東路
老北街
中山東二路
黃浦江
延安東路隧道
青年會賓館
上海老飯店
豫園
豫園商場
方濱中路
自忠路
復興中路
西藏南路
中華路
河南南路
復興東路
中華路
德興菜館
建國東路
徐家匯路
滬南體育館
中華路
陸家匯路

重要景觀	豫園是上海最大的古典園林建築，妳能想像的中國園林建築都在這裏頭看得到，它的南側有城隍廟，現在已開闢成有特色的豫園商城，什麼小吃、名產、工藝品都在這裏吃得到找得到。
公　交　車	1、126、926、66、42、64
消費特色	吃有特色的、逛好玩的、買便宜的、買有特色的，就花半天逛它就對了。不分時節遊客如織。

我的做衣MEMO

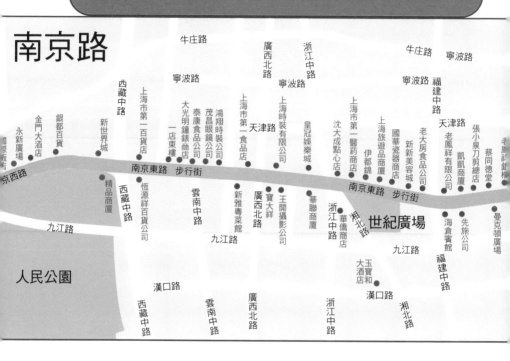

南京路

牛庄路　廣西北路　浙江中路　　　　牛庄路　寧波路
寧波路　　寧波路　　寧波路　福建中路

西藏中路　上海市第一百貨店　大光明鐘錶商店　泰康食品公司　茂昌眼鏡公司　鴻翔時裝公司　上海市第一食品店　天津路　上海時裝有限公司　皇冠娛樂城　沈大成點心店　上海第一醫藥商店　伊都錦　上海旅遊品商厦　國華瓷器商店　新新美容城　老大房食品公司　天津路　張小泉剪總店　老鳳祥有限公司　凱凱商厦　蔡同德堂　老廟祥銀樓　曼克頓廣場

國際飯店　永新廣場　金門大酒店　銀都百貨　新世界城　京西路

一店東樓　精品商厦

南京東路　步行街　　　　南京東路　步行街

西藏中路　恆源祥百貨公司　雲南中路　新雅粵菜館　廣西北路　寶大祥　王開攝影公司　華聯商厦　浙江中路　華僑商店　湘北路　世紀廣場　海倉賓館　先施公司

九江路

人民公園

漢口路　西藏中路　雲南中路　廣西北路　九江路　浙江中路　玉寶和大酒店　漢口路　湘北路　福建中路

重要景觀

看到媒體出現上海人山人海逛街購物的景象，通常拍的就是南京路，它全長有5.5公里，每天客流量在170萬以上，1998年被開闢為商業步行街，遊人如織，在上海想看人，就去南京路囉！

公 交 車

1、 搭地鐵
2、 公交車：14、17、18、20、23、24、24、37、41、46、64、66、104、109、902

消費特色

在南京路買東西店家最常講的就是「我們是老牌老字號…」的確，這是一條講究歷史信譽的街。
整條南京路兩旁有600家以上的商號店面，以西藏路分東西兩段，南京西路一般說來販賣的檔次比較高，南京東路則比較走平價路線。

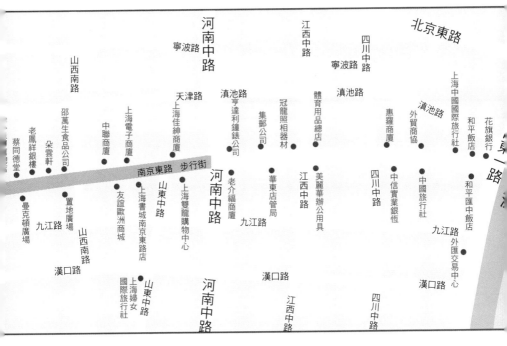

來去上海的「小妖街」瞧瞧當地的哈日一族

交通指南 地鐵1號(或2號)線人民廣場站下

　　香港名店街和迪美是十足的小妖的街，幾乎就是台灣哈日精品店風格的翻版，古靈精怪的飾品、稀奇古怪的鞋包，還有滿是花邊珠片的小衣服，它的特色是，由香港名店街越往迪美走，衣服就越顯得妖而嫵媚。直到迪美，簡直就是新生代小美眉服飾店的迷宮。那裏的每一家店都有很絕的店名，像「新人類鞋店}、「美麗傳說」什麼的，有家的名字叫「地獄」，而它相鄰的店則叫「天堂」。有意思的是，很有名的"沈記靚湯"在那兒也有一個名字相似的「姊妹」店，叫做「沈記靚衣」。

　　名店街裏有許多化妝品店、香水店，濃濃的脂粉氣把這個地下賣場浸透了。

　　因為它太年輕了，它的風格是哈日族、哈韓族們喜歡的，所以這一帶反不見好奇的洋人觀光客。

准海中路

重要景觀	這是條很有意思的街，不但商號林立，文化景觀也很多，像上海圖書館、孫中山故居、宋慶齡故居、周公館、中共一大會址都集中在這裏。
公 交 車	地鐵一號線：常熟站下(近丁香花園) 2、 公交車：2、24、42、45、93、96、126、128、146
消費特色	這就是以前的霞飛路，商品以中高檔為主，兩旁商號有400多家，逛起來有點像臺北的中山北路的感覺，在這裏消費其實也不低哦，吃碗麵往往也得15~20塊人民幣，當然商品也比其他地區精緻許多，當地人以在此消費為豪華與排場的指標。

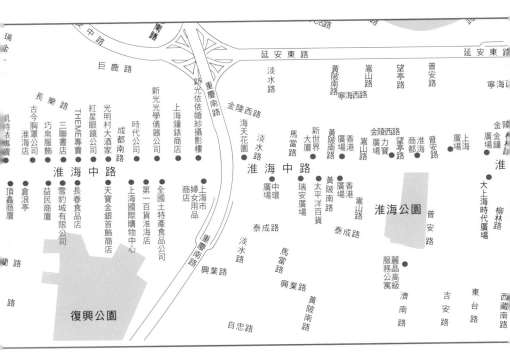

購物小memo

1. 商場營業時間一般在9：00-21：00或10：00-22：00，周末和節假日適當延長，個別例外。

2. 商場前有人發給小商品，不必接手，以免糾纏。

3. 換季、節慶、店慶是商場打折的時候，別空手而歸，以免後悔。

4. 在上海部分商廈內實行「三色」標價簽制度：藍色—明碼標簽；黃色—削價標簽；紅色——議價標簽。

四川北路

中州路上 中川灣路 東 虹口足球場站 歐陽路 曲陽路 天寶西路
魯迅公園 歐陽路 祥德路 祥德東路
西江灣路 四川北路 東江灣路 黃渡路 甜愛路 山明路 四達路 保安路 四達路 路半田
同心路 吉祥路
天通庵路 地下鐵 四川北路 溧陽路 溧陽路
橫濱路 寶山路 明珠線 多倫路 長壽路 長春支路 天水路
華昌路 泰興路 四川北路 長春支路
東寶興路 海倫西路
東寶興路站 東寶興路 那愛里魯迅公園 兒童公園
寶山路 寶源路 川公路 ?江路
寶昌路 寶通路 四川北路 四平路
虹江路 新疆路 虹江路 虹江支路 四海山路 吳淞路
寶山路站 羅浮路 四川北路 乍浦路 海寧路
南東新民路 中華路 武進路 武進路
天目東路 海寧路 百官街 崑山路 吳淞路
海寧路 塘沽路 四川北 乍浦塘沽路 路
海寧路 塘沽路 河南 武昌路 武昌路

重要景觀	新凱福(專賣店)、多倫(裝潢家飾)、凱倫(婦女兒童用品)、上海春天四大商廈在此巍巍矗立。
公 交 車	地鐵：地鐵3號線(明珠線)東寶興路站下(步行向東)可抵四川北路。 公交車：6、17、18、21、25、65
消費特色	四川北路是上海開埠以後最早建成的幾條馬路之一，是一條現代化的"平民商業大街"，以高品位、中低價的商品，近幾年大型商城進駐，不過仍保留其實惠的消費風格。

襄陽路

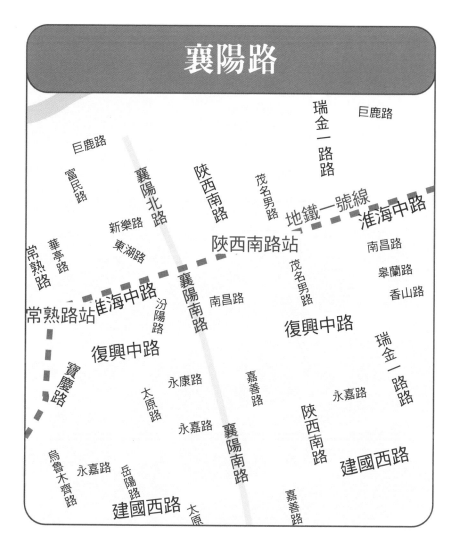

巨鹿路
富民路
襄陽北路
陝西南路
茂名男路
瑞金一路路
巨鹿路
新樂路
華亭路
常熟路
東湖路
地鐵一號線
淮海中路
陝西南路站
南昌路
皋蘭路
香山路
常熟路站
淮海中路
汾陽路
茂名男路
襄陽南路
南昌路
復興中路
復興中路
寶慶路
永康路
太原路
嘉善路
永嘉路
瑞金一路路
陝西南路
烏魯木齊路
永嘉路
岳陽路
襄陽南路
太原
嘉善路
建國西路

重要景觀　上海襄陽路服裝市場位於淮海中路和襄陽路的交叉點處，對面是襄陽公園。可以順道去那裏逛逛。

公 交 車　地鐵1號線
公交：96，94，24，02，45，128，42

消費特色　上海的襄陽路和北京的秀水街齊名，都是知名的仿冒街，目前大約有近百來個攤位，四季流行服裝、兒童衣服和包包皮件一應俱全，這些小商店是上海年輕人服裝潮流的縮影。
當然也有很多外國觀光客，每天人潮如織。

我的做衣MEMO

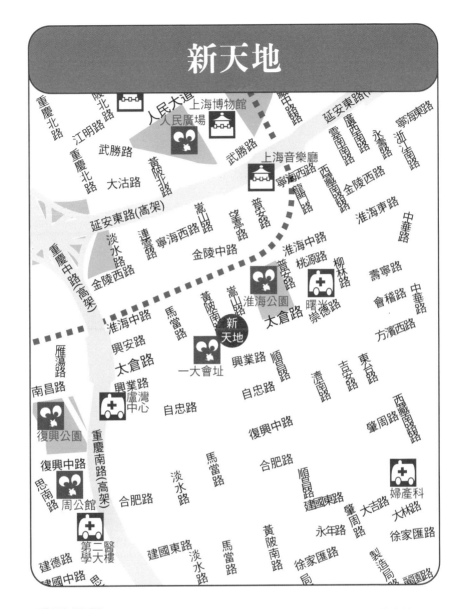

新天地

重要景觀　許多明星、名人在此開店，是新的上海的追星一族聚集之地。

消費特色
晚上看盡國際人士，或當地人服裝品味的地方。白天它則是一個不太起眼的區域！
說它是中，不像中，說它是西，不像西。它是上海快速發展和學習下的一個時髦的東西，晚上的它充滿紙醉金迷，是城市年輕人聚集，和成年人買夢的地方。

七浦路

地鐵三號線--明珠線
天目東路
山西北路
海寧路
華興路
浙江北路
安慶路
康樂路
熱河路
海寧路
塘沽路
七浦路
七浦路
河南北路
七浦路
甘肅路
開封路
天潼路
曲阜路
浙江北路
福建北路
山西北路
蘇州河
西藏中路
蘇州河
北京東路

重要景觀	七浦路是上海家喻戶曉的服裝批發街，800公尺長，寬只有5公尺，因為極具特色，又交易熱絡，每天有近萬人在此 進出，「混亂」可想而知，但現在已有改善，店家大都進駐規畫過的商城營業。
公 交 車	地鐵3號(明珠線)寶山路下車。 公交車：14、15、25、66
消費特色	是上海非品牌服飾的集中市場，當然也賣一些名牌仿冒品，不管是那一項，看喜歡的得在價格上多有保留哦！拿去妳在喊價的真本事來吧!

SHANGHI

大型購物商城
guide

第 2 章

一樣是商城，逛上海的別有一不同的況味，不管是商品或文化。

商 城	特 點	地 址
上海太平洋百貨	上海人氣最旺的商場之一。	衡山路932號 淮海中路333號
上海梅隴鎮廣場	"駐鎮之寶"的"伊勢丹"通過其品牌號召力和各種國外的中高檔百貨已吸引了一定的消費群體	南京西路1038號
上海巴黎春天	各類名品林立，布置等極富有歐美風格，稱得上滬上一流商場	淮海中路939號
上海美美百貨	地段優越，購物環境典雅，以售賣世界名牌極品為主，以最時尚的商品以及最完善的服務於國內外的貴賓朋友。	淮海中路1312號
上海恆隆廣場	於2001年開張於上海頂級繁華地段南京路，是國內規模最大、商品最多的商場，匯聚世界一流品牌的頂級購物中心。	南京西路1266號

商 城	特 色	地 址
上海恆隆廣場	於2001年開張於上海頂級繁華地段南京西路，是國內規模最大、商品最多的商場，匯聚世界一流品牌的頂級購物中心。	南京西路1266號
上海友誼歐洲商城	以具有歐洲風格的商品特色，引進的商品主要以中高檔為主，是領略歐陸風情的最佳場所。	南京東路353號
上海友誼商店	成立於1958年，主要是針對境外旅遊者。工藝品是其拳頭產品，商品價格偏高。	北京東路40號 遵義南路6號
置地廣場	以7樓「名牌特販中心」和8樓外貿購物中心知名於滬，在此地常能買到質優價廉的各類品牌商品。	南京東路409-459號
港匯廣場	號稱亞洲最大的「銷品茂」，服裝主要經營中檔品牌。	虹橋路1號
匯金百貨	以中高檔商品為主，並有層次地向高檔商品延伸，形成整體品質與個性特色的有機結合。	肇嘉 路1000號
上海東方商廈	是上海頂級名牌薈萃的地方，這裡的知名度加上徐家匯商圈的如潮人流，仍是客源的保證。	漕溪北路8號

第 三 篇

近距離的感受一個城市的氛圍，PUB是每個城市的必訪之地，上海尤其如此，第一次在上海的PUB會讓人有種迷惘---這裏到底是那裏?

紐約?
台北?
日本?
英國?

就算不喝酒也得提醒自己保持清醒，
才會記起這裏是中國。

CITY TOUR

SHANGHI

第 1 章

Pub夜地圖
復古、新銳兼容並蓄

巨鹿路

交通指南 地鐵一號線至陝西南路站下車,步行襄陽北路再轉巨鹿路或陝西南路下車後往第一婦嬰醫院方向。

公交車:24、49、128

巨鹿路原來是條很安靜的街,也很有文化味,上海作家協會便曾駐紮在此,最近幾年,它卻也時尚了起來,除了幾家喧鬧的酒吧,其他地方也熱鬧起來,原來這些神秘的洋樓現在居然開出了飯店,有"歐越年代",有"席家花園"。"歐越年代"的標識很特別,是一個有著一雙憂鬱眼睛的男孩,據說他是越南的末代皇帝,在他目光的注視下,老舊的房屋更有了歷史感。

巨鹿路 Bar

Yellow Submarine
Goodfellas
Manhattan
Badlands
Cochinchine
Woodstock Bar

常熟路
巨鹿路
Caribe
Mini Bar

富山路
Mambo Jumbo
Raise the Red Lantern

茂名路

交通指南 地鐵1號線陝西南路站 公交車42

　　從復興路到永嘉路的茂名南路是一條很僻靜的路，但這裡的咖啡吧、酒吧櫛比鱗次，這裡的店招大多用洋名，如JUDY'S、WINEBAR、CIKCI、CLUB…等等。消費群中有大批老外，雖然有不少上海青年人，但在這裡講英語比講上海話更活躍。

　　當然更受歡迎的是雕塑藝術廊、畫吧長廊、陶藝吧、玻璃吧、懷舊吧。人們喝咖啡的同時，創意做一只藝術玻璃花瓶帶回去，也是件樂事。還可穿越時空，到懷舊吧去看一看30年代西式的家具、餐具、電話、老爺唱機，當一回30年代的老上海。

　　茂名路左近有花園飯店，錦江飯店，蘭心大戲院，上海東海堂懷舊舊吧等高級處所，是外籍人士和高級白領出沒的場所。

茂名路 Bar

衡山路

地鐵1號線衡山路站

公交站：02、15、42、49、49、93

衡山路兩邊的黑鐵圍欄和法國梧桐，襯出上海小資產階級的情調，又鄰著使館區，讓這裡成為最適合開酒吧賺錢的地方。當然，房租也高得驚人。

Cotton club 就在衡山路上，是上海最好的JAZZ&BLUES酒吧。牆上掛著相當多的"Billy holiday"、"John coltrane"等爵士樂大師們的海報，晚上還有現場樂隊演出，下面的觀眾也聚了最多的上海頂尖樂手。

George V在衡山路旁邊的一條支路上，美領館斜對面，地處鬧市，卻獨享清閒。酒吧很大，有三層，看上去很奢侈。更奢侈的是酒單，用整塊的意大利進口牛皮製作，價值不菲。二樓對於食客最有吸引力，因為有一整只醃製的西班牙生火腿，口感很好。

Huating Market

Cotton Club

M-Box

Maya

復興中路

O-Malley's

Brasil Steak House

衡山路

Georgev

Hot Chocolate

Paulaner

Tgifridays

Sasha's

Full House

Simply Thai

All YY

Le Garcan Chinais

衡山路 Bar

我的做衣MEMO

SHANGHI

上海常民
很話題的八大吃

妳也許有過為了基隆廟口的小吃，就這麼三五好友開車「殺過去」……這種心情說不上東西好不好吃、地方好不好玩，反正就是吃點「名產」或吃點「話題」，上海這樣的地方當然多得不得了，如果一趟上海行剛好就在附近，那就去吃點當地的常民話題吧！

仙霞路

仙霞路几乎每家小食鋪都有一點特色。比如說台灣人開的"朱記餡餅粥"，仙霞路就有一家。仙霞路上湘菜、川菜或者本幫菜館子也有，甚至西餐、快餐和專門的粥店也有。這大概就是它名氣迅速躥升，吸引食客不惜「打的」前來的原因。

恆基休閒廣場

名氣比較大的就是位置最靠裡邊的新疆菜館子。但是頗油就是了。茶餐廳、日本料理都還可以，一家名叫「小海鮮」的店，也值得嘗試一下。中午之后到傍晚時分，是去恆基休閑廣場的好時間。這個地方就在徐家匯港匯廣場和長途汽車站之間。

徐家匯路、肇嘉濱路　這一帶集中的都是那種大型高級飯店，集中了上海最多的杭幫菜館，可以說是杭幫菜在上海的大本營，價格都相當平易。

衡山路一帶　時尚青年人喜歡在這個地區尋找浪漫。西餐館多分布在衡山路上，或者隱蔽在與衡山路相交的樹蔭茂密的道路兩邊。有一點貴。

政通路　到這裡找的大概就是"懷舊"了。近復旦大學因為大都做學生生意，所以不會很貴。這裡一家名叫"匹薩先生"的酒吧兼餐館非常不錯，各國大學生齊聚是特色之一，價格便宜到難以置信，一瓶啤酒只要10元，這可是市區酒吧價格的三分之一不到，匹薩大概也在20元以內。

長樂路、富民路　館子面積都不大，情調卻都不錯。一家叫做「保羅」的飯店，莫名其妙就紅得發紫。吃的其實就是很普通的上海菜，有不少人在這里吃夜宵，所以凌晨時分還相當熱鬧。

SHANGHI

吳江路休閒街　　一條不寬的街，就藏在南京西路的邊上。館子有各種風味的，包括新疆風味、台灣風味，還有上海難得一見的葡萄牙風味。東西不一定好吃，但隔著玻璃櫥窗看著街上行走的人，感覺不錯。

陸家嘴美食城　　這裡很貴，因為白天這一帶大都做「東方明珠塔」遊客的生意，所以很講究排場，大都是觀光客在此消費，也有許多上班族在此洽談生意。有來自不同國家的餐館，例如土耳其餐廳。

le garçon

SHANGHI

在上海市區
混兩三天的好去處

第**3**章

避開遊客如織的上海名勝，或「打的」(坐計程車)或坐大眾運輸系統，如果妳想一個人靜靜的造訪上海，以下這些不算景點的景點足足妳在上海市區混上兩、三天而不嫌膩。有人愛稱這種看看老房子走走老街道為「懷舊之旅」，事實上也未必，這些古古的建築現在在上海時尚得很，在上海逛來逛去，反而是這一帶美女帥哥一大票，而且還很氣質。

　　以下推薦的地方相距都不遠，忘了是誰說什麼「帶一卷書，走十里路……」之類的，那個人好像騎腳踏車，這裏也能騎腳踏車，向出租店租就可以了。

新華亭路

　　幾年前這裏還是人聲雜沓的「仿冒街」，如今店家都移到襄陽路，也還給這裏一張原來素樸的臉，整條街形態各異的小洋樓，好有詩意的說，好像小巷裏隨時會走出一個撐著小花傘拎著亮片包的30年代美女似的。

衡山路

可以到衡山飯店附近走走，咖啡香、外國人、特色的公寓房，巴黎的小巷弄裏也是一般的風情。

陝西南路延安路口

這一帶的新舊建築不知是不是百年前就約好了的，蓋得都尖尖的，有專業建築素養的人都稱它們是「挪威式建築」，得了吧!妳當它是童話故事串點自己的想像吧!

華山路

有丁香花園，有枕流公寓，30年代周璇就住在枕流公寓。

大樓平面曲尺形，也稱人字形，六七層為復式，每套有樓上下房間，為當時上海公寓所少見，建築之初的業主為李鴻章的三兒子李經邁。

靜安寺附近

靜安寺附近，有一座龐大的美式近代建築，這幢大樓樓高6層，全部是鋼筋混凝土結構，樓頂設計為圓柱狀的形造型，是為百樂門舞廳。

梧桐樹之旅

據說，上海的梧桐原為英國品種，因為當時住上海的法租界種植，故稱為「法國梧桐」。

目前在余慶路、湖南路、岳陽路，還有衡山路一段尚保留了成帶的梧桐樹。

懷舊的籬笆

籬笆原來是上海一道富有歐洲鄉村味的風景線。別墅，花園，學校，都用籬笆圍著。

現在上海的籬笆已經拆得差不多了，但在思南路一段、陝西北路宋氏基金會、康平路宛平路口，仍有籬笆殘存，記得要帶相機，也許會是最後的紀念。

西區的虹橋、龍柏

頗有歐洲鄉村風情。龍柏飯店中有人伊扶司別墅，乃沙遜所建，屬英國哥特式"半木構"住宅，富有濃厚的英國鄉村別墅風貌。屋外有大片綠樹草地，其間鮮花盛開，宛如置身于英國城市的郊外。

興國賓館和瑞金賓館

　　瑞金賓館內的馬立師別墅也是英國式建築，紅磚外牆，大理石地坪，柚木地板，極盡豪華和奢侈。花園內綠草如茵，巨樟如益，其中錯落有致地點綴著噴水池，石雕像和花壇，十分優美。

我的懷舊小MEMO

我的做衣MEMO

第 四 篇

做衣服一定得出遠門嗎?當然不必,就近的香港與台灣目前做衣服的市場雖然已不似早期熱絡,但在幾個重點區塊還是保有相當活力的手工訂做服店面,雖然價格貴了些,但若比品質比服務可是絲毫不遜色。

QUALITY

SHANGHI

第1章

香港
手工細緻價格偏高

尖沙咀與重慶市場有不少十分優秀的老裁縫師，但價格高、等待時間長，要請他們做衣裳可得有心理準備。

香港自從97年回歸後，經濟狀況一直不見好轉，但在英國殖民地時代所形成的金融商業繁榮景象，卻可以在香港市中心點一覽無遺，如果沒有意識到自己是在香港，你很可能以為自己到了紐約曼哈頓。

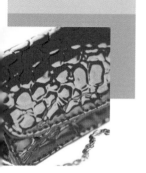

其實，如果不是這幾年上海市不斷急起直追，香港在國際間的地位也不會消失的如此迅速。不過不管如何，已經建立起來的娛樂、流行時尚、餐飲等八大事業，香港商人的操作手法純熟，而且因為香港人在語言方面的優勢，使得香港人在美國主流電影市場陸續搶佔地盤。尤其李安和吳宇森等成功在美國Hollywood獲得認同，間接使得中國電影和服裝表達方式，有了更多曝光的機會。

中國電影的發展和服飾演進關係密切。傳統的中國人在封閉的社會下，根本沒有多大的機會去接受所謂的國際流行趨勢，所以電影人物的衣著便成了當時年輕人所追求的一種時尚穿著。香港和上海一樣，自歷史以來即以商港聞名，在受到英國管制期間積極建設和開放的結果，使得香港對於歐美各方面接受的事物遠較其他地區多，也使得香港的穿衣品味和時尚流行的腳步，走的較為前端。

現在走在香港街道上，專門標榜訂製衣裳的店面並不多。但在熱鬧的尖沙嘴少數的幾家店面中，你仍可以看到有外國人在店內量身，打算做上幾套衣服，對所有外來客而言，做一套可以一輩子紀念的中國衣服，是多麼有意義的事情。

一般來說，香港師傅的手工能力不差，但價格方面卻是比上海甚至台灣來的高。香港人雖然也會去訂製衣服，但大部分都是以唐裝和旗袍為主要訴求，也願意付出較高的價格量身訂做一套合身的中式服裝，以應付宴會等特殊場合的不時之需。

SHANGHI

可是近年香港師傅受到香港回歸，中國邊境深圳大門打開影響，生意明顯清淡許多。精明的香港人非常清楚在香港縫製一套衣服，到深圳可以做上3~4套，雖然手工沒有香港師傅優秀，可是在不景氣能省則省的前題下，愈來愈多香港人前往深圳找手工訂製師傅配合。

另外，在重慶大廈中，我們也可以看到賣時裝的小販也賣起上海APEC時江澤民和美國總統布希所穿的唐裝樣式。兩岸三地都會因為重要國際會議的服裝，而炒做一段時間的流行話題和賣點，我想多少和我們同文同種的思考邏輯有一定的關聯與影響吧！

在香港購物或訂製衣服是件令人愉快的經驗。因為香港的公共交通發達，不管你是搭地鐵或坐電纜車或搭公車等，你都可以非常輕易到達你的目的地。如果你是一個喜歡都市叢林的人，在香港你一定可以得到最大的滿足感，因為香港形形色色的人種很多，而排列大而混亂的招牌看板，成為香港老街獨一無二的特色。由於香港小，安排個三天兩夜的行程，一定可

以讓你購足你所要的衣服，不過如果是訂製衣服，香港師傅的配合度就比較低一點，一般到等上一星期以上的時間。

然而，每個地區有每個地區的特色，每個師傅有每個師傅的做衣服堅持，這是他們的專業尊嚴和職業道德部分，身為單純做衣服的我們不應去挑戰，而我甚至覺得觀察每一個不同師傅的專業態度，也是一種人生的樂趣。

我的做衣小MEMO

....

....

....

....

香港超優的唐裝店推薦

店 舖 名 稱	地 址	電 話
上海灘	香港中環畢打街12號畢打行地下　(Landmark 對面，乘地下鐵路「中環站D1」出口)	(852) 2525 7333
此店有現成的唐裝服，視乎選擇之款式及衣料，一般HK$2,500～3,500 / 套。 訂做則需要HK$3,500- /起 (依照選擇的款式及衣料)		
裕華國貨公司	九龍佐敦道301-309號	(852) 2384 0084 (絲綢部)
手工費從HK$1,850～2,200.- 起，手工比較有保證，店內之布料有較多選擇。		

香港地下鐵路線圖

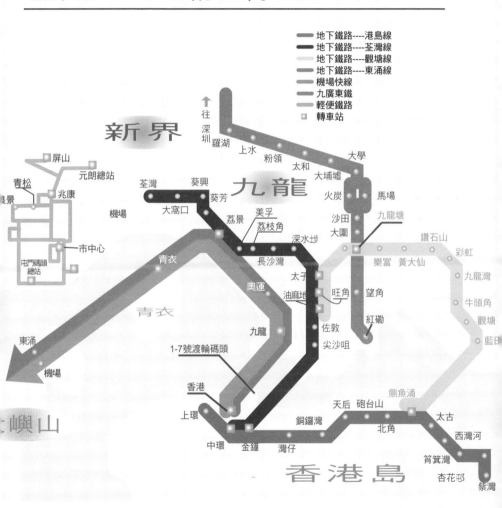

地下鐵路----港島線
地下鐵路----荃灣線
地下鐵路----觀塘線
地下鐵路----東涌線
機場快線
九廣東鐵
輕便鐵路
□ 轉車站

新界

九龍

青衣

東涌

大嶼山

香港島

往深圳

羅湖　上水　粉領　太和　大學
大埔墟
火炭　馬場
荃灣　葵興　葵芳　沙田　九龍塘
大窩口　荔景　美孚　大圍
機場　荔枝角　鑽石山
深水埗　彩虹
青衣　長沙灣　樂富　黃大仙　九龍灣
奧運　太子　牛頭角
油麻地　旺角　望角　觀塘
九龍　佐敦　紅磡　藍田
1-7號渡輪碼頭　尖沙咀

屏山　青松　長景　兆康
元朗總站
市中心
屯門碼頭總站

香港　鰂魚涌
上環　天后　砲台山　太古
中環　金鐘　銅鑼灣　北角　西灣河
灣仔　筲箕灣　杏花邨　柴灣

SHANGHI

台北做衣情報

第 2 章

永樂市場、博愛路及後火車站，還有萬華火車站附近所構成的舊台北商圈，是做衣服的最大集匯地。

如果沒有記錯，10幾年前台灣還曾是以成衣出口為最大宗的經濟產品，台灣的成衣製造是國際間有名的。那時買到外銷成衣，品質上面是非常有保障的，所以台灣到處都有大型外銷成衣的銷售點，不過這個風潮也隨著台灣人要的精緻商品和個性化取向，而漸漸勢微。

儘管各式品牌成衣林立，但台灣仍然有一些西裝和襯衫訂製市場存在，學生族群為了突顯自己穿衣的特色，也會去訂製店去訂做制服。只是，台灣因為經濟發展迅速，人民所得增加，所以人工成本亦不斷上升，因而一套複雜一點的衣服買成本也許會比做衣服便宜很多。由於價格和方便性都不夠，台灣的訂製市

場往往只能是小眾市場,無法大流行。

　　反之,大陸的師傅,則因為大陸物價仍低,對台灣人而言成本上面是便宜的,而手工平均水準亦高。

　　另外大陸絲織品因為發展早,在國際間享有很高的聲譽,所以至大陸夠買布料成本,也會比台灣便宜。尤其上海地區,因為必須滿足很多外來客的需求,因此貨品的色樣齊全。

【台北做衣情報】

　　由買布開始:永樂市場、博愛路及後火車站,還有萬華火車站附近所構成的舊台北商圈,在這個地方,你可以尋找到老台北的味道。

　　在台北打算做衣服其實方式很多,你可以自己要店面做,另一方面也可以透過電話預約的方式,請師傅直接到你家幫你做衣服。找師傅至家中做衣服通常必須有一定的衣服訂製數量,不然跑一趟的成本太

高，往往師傅前往的意願不高。

做衣服的方法，有一種是連工帶料，這是最單純的方式；有一種是帶工不帶料。兩者方式都有人採用，而連工帶料的方法，最常看到的是學校附近或夜市訂製衣服的店面，為了方便學生或上班族一般的制服和西裝所準備的布料，這些布料通常是大宗且普遍大眾都可以接受的布料，不管價格和品質都較易為人們所接受。另一種帶工不帶料的方式，則為等級較高的風雅人士常使用的方式。在全球各地都有一些特殊而有特色的布料樣式，但它不一定被你所居住的地方或引進的外國服飾的代理商採購，並製作成衣服，此時，如果找到了一塊很棒的布料，你就必須找到適合的設計，與好的裁縫師協助，使得這塊布可以準確的讓你穿在身上，或是製成其他家庭裝飾品。

for LISA

TONY

台 北 隨筆

　　上海人本來就是做生意起家的，而中國的服飾和布料最早與國外接軌的也是由上海開始。

　　我的前老闆是曾經跟隨著潤泰集團現今掌門人尹衍樑和國學大師南懷瑾，從他們經營公司的理念中，獲取了純正生意人的精明幹練的本事。這些想法和看法以現今台灣IT業的眼光來看，也許落伍了，但我相信有一些傳統中國生意人的想法，在當下的中國大陸的社會意識中仍舊存在。而這種在商言商，不談交情的性格正是上海與國外商人做生意時，不得不鍛鍊的本事。不管是今日還是早期的外國商人，都是利字擺中間，有利可圖的生意才做，對這些洋買辦而言，他們要的是獲取最高利益，根本不會太在乎合作對象的死活。

　　在國際競爭中，一切本來就是殘忍的，尤其生意場上，不是慈善事業，人情兩字不容出現。上海人因為這一層的磨練，個個銳利，能夠由中國大陸離開而重新在台灣做起生意的上海人，更是因為幾經人生的波浪和轉折，對於生存和賺錢這檔事情，感受比台灣一般老百性強，因此台灣光復後的生意人，幾乎無處不見上海幫的身影。尤其台灣的紡織業和建築業，更是被上海人佔領，據說和他們這些老一輩大老們聚會，上海話才是他們主要使用的語言。

　　而台灣這一波上海熱，也或多或少因為在台灣的成功上海人陸續回流，更甚至大陸投資，迫使一些幹部前往，同時由於上海市不斷在投資和吃衣住行方面改善，使得愈來愈多人願意到上海開創自己人生的新局。台灣市場已逐漸成熟，未來最好的狀況就是守成，但喜好創業又勤奮的台灣人不會甘心於此，所以上海成為他們最好的冒險創業的地點。

　　上海經濟作物之一是棉花，而蘇州養蠶著名早在歷史中已有記載，所以絲織品一向在江蘇省一帶非常暢銷，無論是在大陸內地或是外國，都是出名的商品。

　　我們在近代小說家高陽長篇小說『胡雪巖』，看到胡雪巖在杭州地區投資絲行，再透過漕幫的協助經由海運方式將貨品送至上海。

　　其實，絲製品本來就是一種高貴的產品，大部分中國人的中下產階級根本買不起，所以最好的客戶就是外國人。但是絲不是一個容易控制產量和品質的商品，往往氣候好壞會影響其品質，當太平盛事時，又怕供過於求造成市場價格狂跌。為了穩定價格，部分商人會收購他人當年的產量屯積以對，當然也有人以此哄抬價格。只是絲不是一個易存的貨品，一旦時間放久了，隔年的新絲又出來，大量收購的廠商就必須蒙受重大損失。

　　華東地區的養蠶人家當然必須學習如何生產品質優良的絲，而不管是布商或是絲行為了取得最佳利獲，當然都想盡一切方法來保

障自己經營產業的獲利能力。而這樣的良性循環下，使得華東地區的絲製品取得全國領先地位，又由於較早與國外貿易往來，上海的商品供應能力漸漸多樣化，終於使得上海布也在國際得到一定的肯定和地位。當然因為不管是內地或外地的成衣訂單需求，上海師傅的手工製衣能力不斷提升，終於連同國外的買辦也開始經營起成衣業務，另外也因為外國人湧入上海租界，讓上海師傅較早接觸外國時裝款式，也比較懂得如何剪裁。

做衣服一向是熟來生巧，這些原來只會做中國服飾的師傅在外國人的指導下，開始由中山裝／馬掛／唐裝／旗袍等，也會做外國時裝。

台灣有大量的西服師傅都是上海來的，所以現階段可以找到的純手工西服師傅，多數是師承上海師傅。

當我更深入製作台灣手工衣服後，藏在內心的回憶卻不斷湧現。我的父親是苗栗苑裡人，母親是台北市台北橋頭人，外婆在我寫書的期間去逝了，使得我產生更多懷舊的心。

其實，早在我小時候，苑裡的姨婆家就經營布莊，雖然早已經將店面收了，但這個不被我重視的經驗，被遺忘近20年後，因為寫這本書而重返我的記憶之中。對於古早味而充滿人情的村落小生意，這幾年一直在台灣的經濟發展下，愈來愈少，大賣場和便利商店的企業經營下，使得小成本的生意逐漸沒落。

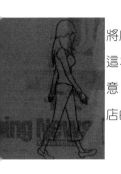

同樣，由於小時候常常隨媽媽在台北外婆家玩耍，所以對於永

樂市場和後火車站當年的繁華並不陌生。那裡充滿老台北生意人，台灣所謂的時尚和流行都是從那起來，當然萬華商圈也是不容遺忘的地區。

走訪台北手工西裝、套裝及襯衫等名店，發現台北的西服老師傅幾乎都是師承上海，但由於時空的轉換，現存的師傅如果還保存傳統製衣流程，一套衣服的成本往往都必須上萬元。這個成本比在上海真不知貴上幾倍呀！？但是，手工製衣就如同人工打造的車子一樣，它的貴在於它的用心，在於它的獨特性，而且符合每個獨立個體的身材所打造，最難得的是它會有一股溫暖的味道，因為每一套手工衣服都會有師傅的用心和情緒，把它穿在身上，根本不用品牌來肯定自我，因為這套衣服就代表你自己。

21世紀的現代人不再重視和迷信品牌，穿衣服必須是讓自己舒服，也是代表著自己的品味。同時也必須知道，這些衣服未來一定是一種藝術，不管是台灣還是大陸，或是全球其他地區，手工衣服的製作將逐漸式微，機器的方便使得設計師和裁縫師都藉由這些工具更有效率的完成衣服。

而其實在我製作這本書之際，台灣女裝的訂製衣服的數量已經悄悄的增加，在大陸的上海地區也是同樣的狀態。這使得我更相信，編製這本書將有助於自己可以更穿出自己的感覺。

附　錄

上海是一個適合自助旅行的地方，如果不想隨團出遊，三五好友或獨自造訪也沒有問題，但是，上海進步得太快了。行前許多旅行資訊可得多收集，才能跟得上它的腳步！

這樣一個善變的城市。

INFORMATION

遊上海必備的地鐵圖

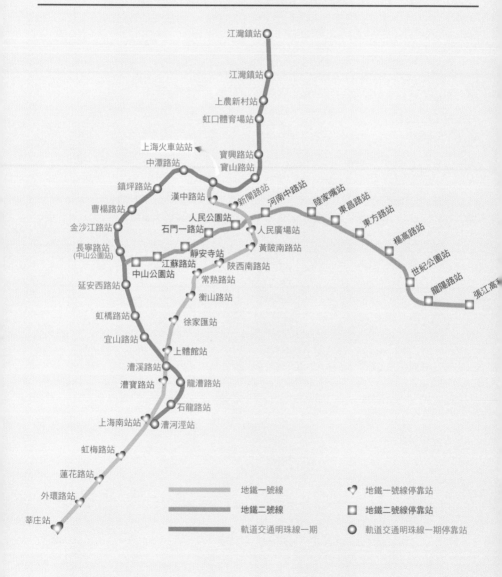

江灣鎮站
江灣鎮站
上農新村站
虹口體育場站
上海火車站站
寶興路站
中潭路站
寶山路站
鎮坪路站
漢中路站
新閘路站
河南中路站
陸家嘴站
東昌路站
曹楊路站
人民公園站
東方路站
金沙江路站
石門一路站
人民廣場站
楊高路站
長寧路站
(中山公園站)
靜安寺站
黃陂南路站
江蘇路站
陝西南路站
世紀公園站
中山公園站
常熟路站
龍陽路站
延安西路站
衡山路站
張江高科
虹橋路站
徐家匯站
宜山路站
上體館站
漕溪路站
龍漕路站
漕寶路站
石龍路站
上海南站站
漕河涇站
虹梅路站
蓮花路站
外環路站
莘庄站

地鐵一號線
地鐵一號線停靠站
地鐵二號線
地鐵二號線停靠站
軌道交通明珠線一期
軌道交通明珠線一期停靠站

旅遊交通訊息

一、 從機場到上海市區

上海有兩個機場，虹橋機場與浦東機場，不管是在那一個機場，出關後都能輕易的搭專線巴士進入市區，當然計程車也很方便，治安也還不壞，不過建議妳看好地圖直接搭機場巴士即可，順便可以體會一下當地的常民生活也是不錯。

A 機場專線巴士

A-1 浦東機場（距市區1小時車程）
發車時間：8:00-22:00，間隔時間20分-30分鐘。

專線巴士	路 線	費 用
機場一線	浦東機場經外環線直達虹橋機場	約30元人民幣
機場二線	浦東機場直達至上海展覽中心	約19元人民幣
機場三線	浦東機場、宛平南路、遵義路（虹橋賓館附近）	約17-20元人民幣
機場四線	浦東機場、五角場、大柏樹、東江灣路（魯迅公園附近）	約16－18元人民幣
機場五線	浦東機場、東方醫院、人民廣場、上海火車站	約15-18元人民幣
機場六線	浦東機場、張江、東方醫院、貴都大酒店、靜安寺、中山公園	約10－20元人民幣

A-2 虹橋機場（距市區18公黑）

	路 線	費 用
專線巴士	虹橋機場、上海動物園、虹橋賓館、上海展覽中心	約16元人民幣

發車時間：7:00-18:00

B. 計程車

　搭計程車從機場到外灘，約人民幣50—70元，車程約45分鐘到1個半小時左右。

二、市區交通

1. 計程車

　上海的計程出租車有三種車型，普通桑塔納、2000型桑塔納、簡裝型紅旗車。大公司計程車都有自己的顏色，例如大眾為天藍色，強生為杏黃色，巴士為湖綠色，友誼為青藍色。上海的出租車種類繁多，但是一般人都會找這四家大公司的車輛。計程車統一價格為起跳價約10元人民幣（5公里），5公里以上每公里2元，30公里以上每公里3元，晚上23:00至淩晨6:00為夜間行駛，每公里2.3元。下車請要收據，以備不時之需。

2. 地鐵、輕軌

　跟台灣一樣地鐵可以避免堵車擁塞之苦，有時寧可多走幾站路，搭乘地鐵，也許比地面交通還要快。

3. 地鐵一號線

　費用：3-4元人民幣　　時間：5:30-22:30

　路線：從上海火車站到閔行區莘庄，自南至北，全線21公里，沿途站點有--漢中路站、新閘路站、人民廣場站、黃陂南路站、陝西南路站、常熟路站、衡山路站、徐家匯站、上海體育場站、漕寶路站、新龍華站、虹梅路站、蓮花路站、外環路站。

4. 地鐵二號線

　費用：4至5元人民幣　　時間：8:30-18:00

路線：從虹橋國際機場到浦東國際機場，自西向東，目前通車的是中山公園至浦東中央公園附近的龍陽路站，並延伸到張江高科技園區，全長16公里。沿途站點有－中山公園站、江蘇路站、靜安寺站、石門一路站、人民公園站、河南路站、陸家嘴站、東昌路站、東方路站、楊高路站、浦東中央公園站、龍陽路站。

5. 輕軌明珠線

路線：沿著高架內環線附近呈現環形線，總長62公里，沿線設站點10幾個車站，漕河涇站、石龍路站、龍漕路站、漕溪路站、宜山路站、虹橋路站、延安路站、長寧路站、金沙江路站、漕楊路站、中潭路站、上海火車站站、寶山路站、寶興路站、虹口體育場站、上農新村站、汶水東路站、江灣鎮站。

6 旅遊專線巴士

旅遊巴士的總站在上海體育場，線路四通八達。票價有3元、5元、15元、75元不等。旅遊巴士車況好，座椅舒適，備有冷暖空調，而且不太擁擠。共有10條旅遊路線，可以玩遍上海市區與郊區，路線圖在上海體育場內的巴士站可以看到。

7. 渡輪

黃浦江上的輪渡單程計費，只有從浦西到浦東需要買票，票價0.8元人民幣，至於從浦東回浦西則不用買票。

8. 公共汽車

上海巴士很擁擠，容易受到天氣狀況或交通尖峰影響。不過巴士行駛的路線廣、停留點多，是搭乘巴士的優點。大部分巴士都是清晨5點到5點半之間發車，到夜間11點半為止。

目前大都已實施無售票員賣票了，但有些公車還是有售票員，乘客前

門上車、後門下車，或者前後門上車、中門下車。當地的票價是依車種不同而分的，市區公車票價為1元，空調車為2元，過江車輛為1.2元，專線車票價則視路程而定，一般是1-4元人民幣，若無人售票就直接投現，有人售票的車子，上車後直接向售票員買票。

9. 火車

通常旅客可以在上海火車站搭乘往任何一個方向的火車，不過需注意，搭火車的地方不等於買火車票的地方，但一般說來距離不遠，為避免提著行李往來奔波，最好先買妥火車票，當日即可直接到火車站搭乘，或者，向當地的旅行社購買車票，票種分有軟座、硬座、軟臥、硬臥，一般來說，軟臥與軟座都是比較舒服的。

9-A 火車售票處

上海站　　　　　　　　地址：天目西路與恆豐路口

北京東路售票處　　　　地址：北京東路230號

西藏南路售票處　　　　地址：西藏南路121號

三、交通電話

交通熱線：88000　　　　　　交通乘車熱線：16088160

上海公共客運管理處出租汽車投訴電話

（各公司投訴電話見出租車車身）：65355111

強生出租車公司叫車電話：62580000

強生出租車公司投訴電話：62581234

振華出租車公司叫車電話：62550808，62758800

錦江汽車公司叫車電話：64647777(大、中型車)，62155555(小型車)

出租車投訴熱線：63232150

巴士出租免費投訴熱線：80082084000

虹橋機場問訊電話：62683659(人工) 62688918(自動)

虹橋機場投訴電話：62688899-46650

東方航空公司售票處電話：62475953

上海航空公司售票處電話：800-620-8888，62550550

西南航空公司售票處電話：64671437

西北航空公司售票處電話：62674233

南方航空公司售票處電話：62262299

東方航空股份有限公司投訴電話：62689236

長途汽車客運問訊、投訴電話：56524623　時間：8：30-16：30

長途汽車總站電話：56630230

中山北路汽車站電話：56538064

浦東長途客運總站：56538590

公交投訴熱線：63175522

大眾巴士公司監督電話：56513313

火車上海站問訊電話：63179090

火車上海站監督（投訴）電話：63170481

上鐵分局服務質量投訴熱線：56235701

上海港客運站問訊處電話：63261261

上海港客運投訴熱線：63260269

輪船客運問詢電話：63261261

長江輪船公司電話：63773777

十六鋪客運站電話：63260050

輪船客運監督(投訴)電話：63260269

上海電信帳務中心(查訊)地址：天通庵路423號(200071)

電話：56668388、800-6200170

四、氣候

上海四季分明，日照充分，雨量充沛。氣候溫和濕潤，春秋較短，冬夏較長，年平均氣溫16度左右。

一年中60%的雨量集中在5至9月的汛期，汛期有春雨、梅雨、秋雨三個雨期。

一年四季變化分明是上海氣候的特徵。冬、夏長，春、秋短，7、8月份氣溫最高，月平均約28度；1月份最低，月平均約4度。年降水量約1100毫米。冬無嚴寒，夏無酷暑，一年四季都可旅遊，其中春、夏兩季是最佳旅游季節。

月份	3	4	5	6	7	8	9	10	11	12	1	2
平均氣溫(℃)	8.3	14	18.8	22.3	27.8	27.7	23.6	18	12.3	6.2	3.5	4.
平均最高氣溫(℃)	12.6	18.5	23.2	27.3	31.8	31.6	27.4	22.4	16.8	10.7	7.6	8.
平均最低氣溫(℃)	4.9	10.4	15.3	20.1	24.7	24.7	20	14.3	8.6	2.7	0.3	1.
降水量	78.1	106	122.9	158.9	134.2	126	150.5	50.1	48.8	40.9	44	62
季節	春			夏			秋			冬		
衣著	薄外套及毛衣			長、短袖衫			長袖衫、毛衣及輕便外套			毛衣及大衣		

上海機票、酒店資訊

　　前往上海國內有的自由行行程，大致皆以3天2夜為基礎，僅以機票加上酒店為基本的販售模式，再附加上機場接送、保險、飯店每日早餐、機場稅等，會如此單純安排的原因，在於目前前往上海自由行的旅客還是以商務客考量為大宗，以及上海本身即具備相當完善的大眾交通設施，無須為旅客另行安排景點觀賞。

目前市面上海自由行相關產品

　　共可分為三大類：

　　第一是購買航空公司所包裝的自由行產品，以澳門航空與港龍航空為主。

　　第二是透過旅行社，由其一手代辦完成的機票加酒店產品，機票部分台港線搭乘國泰、中華、長榮不等，再搭配上大陸東方航空國內線飛往上海。

　　第三就是搭配團體，也就是班機與住宿飯店時間固定、不能夠任意延回的團體自由行湊票產品，這樣的產品以5或7天為主。

　　上述提到由航空公司包裝的自由行，包括澳門航空的「中國自主行」與港龍航空「港龍假期」，這兩種套裝因為停留點

的不同，在航班銜接與價位上也都有所分別。

　　港龍假期由高雄起飛，經香港後照樣搭乘港龍班機飛往上海，整個轉機時間可以在1.5小時內完成。由於香港至上海班機每日多達5班，對遊客而言算是相當便利，且因搭乘同一家航空公司的班機，在登機口極多的香港機場裡才不易搭錯班機。其包裝飯店則以四、五星級飯店為主，3天2夜的套裝價格在18,750元起。

　　而澳門航空的中國自主行則因為班機銜接時間可在45分鐘至1小時內完成，且澳門機場登機門簡單明瞭，但每日班機僅有2班，在搭乘時間上相對就比較需要包容配合。此自主行的上海產品皆以五星級飯店為包裝，3天2夜的價格在21,000元起。此外，澳門航空強調此2夜的飯店住宿將可分不同日期住宿，對於預計將搭配前往大陸其他城市遊賞的旅客而言，在遊程規劃上更具彈性。

旅行社的產品
　　而由旅行社一手包辦的產品，則是由旅行社為旅客分開購買台港、港滬兩段航程機票，再依照遊客所需代訂飯店。這樣

的方式可以針對遊客需要量身打造，在選擇上顯然彈性較大；但因為搭乘的並非同一家航空公司的班機，在轉機時間上就必須耗費更多時間，通常以2小時為基礎候機時間，且乘客在香港機場時也必須額外留意下段航程的班機登機口，似乎比較麻煩。而在台港線部分，通常安排的是以航班班次最多的華航、國泰為主，再銜接上以上海為大本營的東方航空公司班機，目前東方航空飛往上海每日已有7個航次之多，其包裝飯店則以住宿3星級以上的飯店為主，價位則必須在22,000元上下。

如果是團體自由行，因為必須團去團回，在機票上就能享有較便宜的團體票優惠，而飯店則可以自由意識選擇。通常5天4夜住宿在4星級以上飯店，花費約在22,000元左右，7天產品則以25,000元為最低基本，若是不介意日期與航班限定的遊客不妨參考；但必須認知的是，這樣的團體自由行不一定天天都有，且在旅遊旺季時也多半沒有這類產品，消費者必須多詢問有出團至上海的旅行社、多碰碰運氣才行。

提供上海自由行產品旅行社一覽

旅行社名稱	最主力產品	洽詢電話
華瀚旅行社	代辦各家機加酒	(02)27113730
宗龍旅行社	澳門航空自主行	(02)25169909
美齊旅行社	東方航空	(02)27817234
超越旅遊	澳門航空自主行	(02)27176128
南龍旅行社	東方航空	(02)25161266
北極星旅行社	澳門航空自主行 港龍假期	(02)25610061
偉輪旅行社	東方航空	(02)23622206
泰星旅行社	港龍假期	(02)27527328
北航旅行社	東方航空 澳門航空自主行	(02)25453013
東南旅行社	澳門航空自主行 港龍假期	(02)25235893
東南旅行社	澳門航空自主行	(02)25235893
伯爵旅行社	澳門航空自主行	(02)25161036
信安旅行社	澳門航空自主行	(02)25078903
世界旅行社	澳門航空自主行 港龍假期	(02)25152206
喜泰旅行社	澳門航空自主行 港龍假期	(02)25110922

上海飯店情報

　　上海飯店依星等不同價位也各異，差一個星等，價位則在 1,000~2,000元出入。

　　如果黃浦江為基本，將大上海區一劃為二，即浦西與浦東二區。

　　浦西區即大家認知的十里洋場，一般來說，在浦西具有知名度且較能為台灣觀光客所接受的飯店都在三星級以上，位置大致以南京東西路與西藏中路交會的人民公園為中心，其中又以南京西路與延安西路段為最主要。這裡的地點不但能方便前往南京東西路（即十里洋場）購物，也因鄰近地鐵，方便遊賞景點。座落在此區域的飯店，包含五星級的波特曼香格里拉、靜安希爾頓、錦滄文華、花園酒店、新錦江飯店等最知名，而四星級的也有國際貴都、海倫酒店、以及鄰近地鐵站的錦江飯店。

　　其中價格最貴的為波特曼香格里拉，衣香儐影的8樓演歌台俱樂部，以設備爭取價位優勢。而位於外灘、擁有悠久歷史爵士樂團的四星級和平飯店，因為背景知名度頗高，也深受觀光遊客的喜愛。

浦西還有另一飯店群林立區域，即虹橋開發區內的虹橋路周圍。這裡的飯店包含五星級的上海威斯汀太平洋大飯店、四星級的揚子江大酒店等等，雖然離市區較遠，但環境相對較清幽，加上距離市區內環線高速公路相當近，有計劃以公車、計程車代步，並打算將郊區蘇、杭、周庄一網打盡的遊客也不妨考慮考慮。

　　浦東目前可說是上海的驕傲，地標似的東方明珠電視塔，是世界第三高的建築物，就像黃浦江外的另一座燈塔，處處比高的浦東新區，出現的不僅是最新式的商業辦公大樓，眾多新穎豪華的五星級大飯店，也紛紛在此駐守營運。

　　因為以商務客為主要訴求，這裡的飯店群以四星級以上的飯店為主，包含金茂凱悅酒店、浦東香格里拉、浦東日航、浦東假日等等，每一家都以新穎豪華招攬房客。此區域飯店因為都是最新，且設備上也相當具備，同星級的可能較浦西區域貴上一些，而目前價格最貴的為五星的金茂凱悅酒店，因為座落在辦公大樓的樓層內，能夠登高看盡上海不夜城的繁榮風貌。

航空公司套裝行程住宿飯店表(3天2夜)

航空公司	住宿飯店	飯店星級	飯店位置與特色 (浦東或浦西)	價位(元起)
澳門航空	富豪東亞	4	西	23,000
	錦滄文華	5	西，南京西路上	24,000
	新亞湯臣	4	西	23,500
港龍航空	銀星皇冠假日	4	西	18,750
	錦滄文華	5	西，南京西路上	19,100
	楊子江	4	西，虹橋開發區	19,280
	靜安酒店	4	西	19,520
	波特曼卡爾頓	5	西，設備豪華	20,520
	浦東香格里拉	5	東	20,700
	金茂凱悅	5	東，最新開幕	22,590
東方航空	錦滄文華	5	西，南京西路上	約24,300
	錦江飯店(北)	5	西，	約24,140
	浦東香格里拉	5	東	約25,900
東方航空	龍柏飯店	4	西，虹橋開發區	約2,3780
	長安假日	4		約23620
	浦東假日	4		約2,3540
	建國賓館	4	西，徐家匯區	約2,3260
	上海大廈	4		約23,340
	海倫賓館	4	西，南京東路上	約25,500
	楊子江	4	西，虹橋開發區	約24,500
	國航大廈	3		約22,000
	衡山賓館	3	西，徐家匯區	約22,100
	虹港酒店	3	西，虹橋開發區	約22,000
	錦江飯店(南)	3	西，具歷史背景	約22,140
	新苑賓館	3	西，虹橋開發區	約22,060
	奧林匹克俱樂部	3	西	約22,000

上海流行地圖-做衣服篇/翁蕙茹.-一版.-
臺北市:恆兆文化，2002【民91】
　　面；　公分.-(來去上海系列;1)

ISBN 957-30388-5-4(平裝)
1. 服裝業-上海市2.服裝--設計
488.9　　　　　　　　　　90021632

書名	上海流行地圖-做衣服篇
系列名稱	來去旅行系列001
作者	翁蕙茹
責任編輯	鄭芳雨
美術編輯	吳怡玢
發行人	張　正
出版社	恆兆文化有限公司
地址	台北市內湖區成功路二段512號10樓之1
電話	02-87911899
傳真	02-87920866
劃撥帳	19329140
戶名	恆兆文化有限公司
總經銷	農學社股份有限公司
電話	02.29178022
ISBN	957-30388-5-4 (平裝)
定價	新台幣$180
出版日期	2002年1月一版一刷

上海・做衣服
●○no name style

上海・做衣服
●●no name style

上海・做衣服
●○no name style

上海・做衣服
●●no name style